中华人民共和国
公职人员政务处分法

中国法制出版社

图书在版编目（CIP）数据

中华人民共和国公职人员政务处分法：含草案说明／中国法制出版社编．—北京：中国法制出版社，2020.6（2020.9重印）

ISBN 978-7-5216-1140-3

Ⅰ.①中… Ⅱ.①中… Ⅲ.①国家机关工作人员-行政处罚法-中国 Ⅳ.①D922.11

中国版本图书馆 CIP 数据核字（2020）第 096018 号

中华人民共和国公职人员政务处分法
ZHONGHUA RENMIN GONGHEGUO GONGZHI RENYUAN ZHENGWU CHUFEN FA

经销/新华书店
印刷/北京海纳百川印刷有限公司
开本/850 毫米×1168 毫米 32 开　　　　印张/1 字数/13 千
版次/2020 年 6 月第 1 版　　　　　　　　2020 年 9 月第 7 次印刷

中国法制出版社出版
书号 ISBN 978-7-5216-1140-3　　　　　　　　定价：5.00 元
北京西单横二条 2 号
邮政编码 100031　　　　　　　　　　　　传真：010-66031119
网址：http://www.zgfzs.com　　　　　　编辑部电话：010-66066621
市场营销部电话：010-66033393　　　　　邮购部电话：010-66033288

（如有印装质量问题，请与本社印务部联系调换。电话：010-66032926）

目　录

中华人民共和国主席令（第四十六号） ……………（1）
中华人民共和国公职人员政务处分法 ………………（2）
关于《中华人民共和国公职人员政务处分法
　（草案）》的说明 ……………………………………（23）

中华人民共和国主席令

第四十六号

《中华人民共和国公职人员政务处分法》已由中华人民共和国第十三届全国人民代表大会常务委员会第十九次会议于2020年6月20日通过，现予公布，自2020年7月1日起施行。

中华人民共和国主席　习近平

2020年6月20日

中华人民共和国公职人员政务处分法

(2020年6月20日第十三届全国人民代表大会常务委员会第十九次会议通过)

目 录

第一章　总　则

第二章　政务处分的种类和适用

第三章　违法行为及其适用的政务处分

第四章　政务处分的程序

第五章　复审、复核

第六章　法律责任

第七章　附　则

第一章　总　则

第一条　为了规范政务处分，加强对所有行使公权力的公职人员的监督，促进公职人员依法履职、秉公用权、廉洁从政从业、坚持道德操守，根据《中华人民共和国监察法》，制定本法。

第二条　本法适用于监察机关对违法的公职人员给予政务处分的活动。

本法第二章、第三章适用于公职人员任免机关、单位对违法的公职人员给予处分。处分的程序、申诉等适用其他法律、行政法规、国务院部门规章和国家有关规定。

本法所称公职人员，是指《中华人民共和国监察法》第十五条规定的人员。

第三条　监察机关应当按照管理权限，加强对公职人员的监督，依法给予违法的公职人员政务处分。

公职人员任免机关、单位应当按照管理权限，加强对公职人员的教育、管理、监督，依法给予违法的公职人员处分。

监察机关发现公职人员任免机关、单位应当给予处分而未给予，或者给予的处分违法、不当的，应当及时提出监察建议。

第四条　给予公职人员政务处分，坚持党管干部原则，集体讨论决定；坚持法律面前一律平等，以事实为根据，以法律为准绳，给予的政务处分与违法行为的性质、情节、危害程度相当；坚持惩戒与教育相结合，宽严相济。

第五条　给予公职人员政务处分，应当事实清楚、证据确凿、定性准确、处理恰当、程序合法、手续完备。

第六条 公职人员依法履行职责受法律保护,非因法定事由、非经法定程序,不受政务处分。

第二章 政务处分的种类和适用

第七条 政务处分的种类为:
(一) 警告;
(二) 记过;
(三) 记大过;
(四) 降级;
(五) 撤职;
(六) 开除。

第八条 政务处分的期间为:
(一) 警告,六个月;
(二) 记过,十二个月;
(三) 记大过,十八个月;
(四) 降级、撤职,二十四个月。

政务处分决定自作出之日起生效,政务处分期自政务处分决定生效之日起计算。

第九条 公职人员二人以上共同违法,根据各自在违法行为中所起的作用和应当承担的法律责任,分别给予政务处分。

第十条 有关机关、单位、组织集体作出的决定违法或者实施违法行为的,对负有责任的领导人员和直接责任人员中的公职人员依法给予政务处分。

第十一条 公职人员有下列情形之一的，可以从轻或者减轻给予政务处分：

（一）主动交代本人应当受到政务处分的违法行为的；

（二）配合调查，如实说明本人违法事实的；

（三）检举他人违纪违法行为，经查证属实的；

（四）主动采取措施，有效避免、挽回损失或者消除不良影响的；

（五）在共同违法行为中起次要或者辅助作用的；

（六）主动上交或者退赔违法所得的；

（七）法律、法规规定的其他从轻或者减轻情节。

第十二条 公职人员违法行为情节轻微，且具有本法第十一条规定的情形之一的，可以对其进行谈话提醒、批评教育、责令检查或者予以诫勉，免予或者不予政务处分。

公职人员因不明真相被裹挟或者被胁迫参与违法活动，经批评教育后确有悔改表现的，可以减轻、免予或者不予政务处分。

第十三条 公职人员有下列情形之一的，应当从重给予政务处分：

（一）在政务处分期内再次故意违法，应当受到政务处分的；

（二）阻止他人检举、提供证据的；

（三）串供或者伪造、隐匿、毁灭证据的；

（四）包庇同案人员的；

（五）胁迫、唆使他人实施违法行为的；

（六）拒不上交或者退赔违法所得的；

（七）法律、法规规定的其他从重情节。

第十四条　公职人员犯罪，有下列情形之一的，予以开除：

（一）因故意犯罪被判处管制、拘役或者有期徒刑以上刑罚（含宣告缓刑）的；

（二）因过失犯罪被判处有期徒刑，刑期超过三年的；

（三）因犯罪被单处或者并处剥夺政治权利的。

因过失犯罪被判处管制、拘役或者三年以下有期徒刑的，一般应当予以开除；案件情况特殊，予以撤职更为适当的，可以不予开除，但是应当报请上一级机关批准。

公职人员因犯罪被单处罚金，或者犯罪情节轻微，人民检察院依法作出不起诉决定或者人民法院依法免予刑事处罚的，予以撤职；造成不良影响的，予以开除。

第十五条　公职人员有两个以上违法行为的，应当分别确定政务处分。应当给予两种以上政务处分的，执行其中最重的政务处分；应当给予撤职以下多个相同政务处分的，可以在一个政务处分期以上、多个政务处分期之和以下确定政务处分期，但是最长不得超过四十八个月。

第十六条　对公职人员的同一违法行为，监察机关和公职人员任免机关、单位不得重复给予政务处分和处分。

第十七条　公职人员有违法行为，有关机关依照规定给予组织处理的，监察机关可以同时给予政务处分。

第十八条　担任领导职务的公职人员有违法行为，被罢免、撤销、免去或者辞去领导职务的，监察机关可以同时给予政务处分。

第十九条　公务员以及参照《中华人民共和国公务员法》管理的人员在政务处分期内，不得晋升职务、职级、衔级和级别；其中，被记过、记大过、降级、撤职的，不得晋升工资档次。被撤职的，按照规定降低职务、职级、衔级和级别，同时降低工资和待遇。

第二十条　法律、法规授权或者受国家机关依法委托管理公共事务的组织中从事公务的人员，以及公办的教育、科研、文化、医疗卫生、体育等单位中从事管理的人员，在政务处分期内，不得晋升职务、岗位和职员等级、职称；其中，被记过、记大过、降级、撤职的，不得晋升薪酬待遇等级。被撤职的，降低职务、岗位或者职员等级，同时降低薪酬待遇。

第二十一条　国有企业管理人员在政务处分期内，不得晋升职务、岗位等级和职称；其中，被记过、记大过、降级、撤职的，不得晋升薪酬待遇等级。被撤职的，降低职务或者岗位等级，同时降低薪酬待遇。

第二十二条　基层群众性自治组织中从事管理的人员有违法行为的，监察机关可以予以警告、记过、记大过。

基层群众性自治组织中从事管理的人员受到政务处分的,应当由县级或者乡镇人民政府根据具体情况减发或者扣发补贴、奖金。

第二十三条 《中华人民共和国监察法》第十五条第六项规定的人员有违法行为的,监察机关可以予以警告、记过、记大过。情节严重的,由所在单位直接给予或者监察机关建议有关机关、单位给予降低薪酬待遇、调离岗位、解除人事关系或者劳动关系等处理。

《中华人民共和国监察法》第十五条第二项规定的人员,未担任公务员、参照《中华人民共和国公务员法》管理的人员、事业单位工作人员或者国有企业人员职务的,对其违法行为依照前款规定处理。

第二十四条 公职人员被开除,或者依照本法第二十三条规定,受到解除人事关系或者劳动关系处理的,不得录用为公务员以及参照《中华人民共和国公务员法》管理的人员。

第二十五条 公职人员违法取得的财物和用于违法行为的本人财物,除依法应当由其他机关没收、追缴或者责令退赔的,由监察机关没收、追缴或者责令退赔;应当退还原所有人或者原持有人的,依法予以退还;属于国家财产或者不应当退还以及无法退还的,上缴国库。

公职人员因违法行为获得的职务、职级、衔级、级别、岗位和职员等级、职称、待遇、资格、学历、学位、荣誉、奖励等其他利益,监察机关应当建议有关机关、单位、组织按规定予以纠正。

第二十六条　公职人员被开除的，自政务处分决定生效之日起，应当解除其与所在机关、单位的人事关系或者劳动关系。

公职人员受到开除以外的政务处分，在政务处分期内有悔改表现，并且没有再发生应当给予政务处分的违法行为的，政务处分期满后自动解除，晋升职务、职级、衔级、级别、岗位和职员等级、职称、薪酬待遇不再受原政务处分影响。但是，解除降级、撤职的，不恢复原职务、职级、衔级、级别、岗位和职员等级、职称、薪酬待遇。

第二十七条　已经退休的公职人员退休前或者退休后有违法行为的，不再给予政务处分，但是可以对其立案调查；依法应当予以降级、撤职、开除的，应当按照规定相应调整其享受的待遇，对其违法取得的财物和用于违法行为的本人财物依照本法第二十五条的规定处理。

已经离职或者死亡的公职人员在履职期间有违法行为的，依照前款规定处理。

第三章　违法行为及其适用的政务处分

第二十八条　有下列行为之一的，予以记过或者记大过；情节较重的，予以降级或者撤职；情节严重的，予以开除：

（一）散布有损宪法权威、中国共产党领导和国家声誉的言论的；

（二）参加旨在反对宪法、中国共产党领导和国家的集会、游行、示威等活动的；

（三）拒不执行或者变相不执行中国共产党和国家的路线方针政策、重大决策部署的；

（四）参加非法组织、非法活动的；

（五）挑拨、破坏民族关系，或者参加民族分裂活动的；

（六）利用宗教活动破坏民族团结和社会稳定的；

（七）在对外交往中损害国家荣誉和利益的。

有前款第二项、第四项、第五项和第六项行为之一的，对策划者、组织者和骨干分子，予以开除。

公开发表反对宪法确立的国家指导思想，反对中国共产党领导，反对社会主义制度，反对改革开放的文章、演说、宣言、声明等的，予以开除。

第二十九条　不按照规定请示、报告重大事项，情节较重的，予以警告、记过或者记大过；情节严重的，予以降级或者撤职。

违反个人有关事项报告规定，隐瞒不报，情节较重的，予以警告、记过或者记大过。

篡改、伪造本人档案资料的，予以记过或者记大过；情节严重的，予以降级或者撤职。

第三十条　有下列行为之一的，予以警告、记过或者记大过；情节严重的，予以降级或者撤职：

（一）违反民主集中制原则，个人或者少数人决定重大事项，或者拒不执行、擅自改变集体作出的重大决定的；

（二）拒不执行或者变相不执行、拖延执行上级依法作出的决定、命令的。

第三十一条　违反规定出境或者办理因私出境证件的，予以记过或者记大过；情节严重的，予以降级或者撤职。

违反规定取得外国国籍或者获取境外永久居留资格、长期居留许可的，予以撤职或者开除。

第三十二条　有下列行为之一的，予以警告、记过或者记大过；情节较重的，予以降级或者撤职；情节严重的，予以开除：

（一）在选拔任用、录用、聘用、考核、晋升、评选等干部人事工作中违反有关规定的；

（二）弄虚作假，骗取职务、职级、衔级、级别、岗位和职员等级、职称、待遇、资格、学历、学位、荣誉、奖励或者其他利益的；

（三）对依法行使批评、申诉、控告、检举等权利的行为进行压制或者打击报复的；

（四）诬告陷害，意图使他人受到名誉损害或者责任追究等不良影响的；

（五）以暴力、威胁、贿赂、欺骗等手段破坏选举的。

第三十三条　有下列行为之一的，予以警告、记过或者记大过；情节较重的，予以降级或者撤职；情节严重的，予以开除：

（一）贪污贿赂的；

（二）利用职权或者职务上的影响为本人或者他人谋取私利的；

（三）纵容、默许特定关系人利用本人职权或者职务上的影响谋取私利的。

拒不按照规定纠正特定关系人违规任职、兼职或者从事经营活动，且不服从职务调整的，予以撤职。

第三十四条 收受可能影响公正行使公权力的礼品、礼金、有价证券等财物的，予以警告、记过或者记大过；情节较重的，予以降级或者撤职；情节严重的，予以开除。

向公职人员及其特定关系人赠送可能影响公正行使公权力的礼品、礼金、有价证券等财物，或者接受、提供可能影响公正行使公权力的宴请、旅游、健身、娱乐等活动安排，情节较重的，予以警告、记过或者记大过；情节严重的，予以降级或者撤职。

第三十五条 有下列行为之一，情节较重的，予以警告、记过或者记大过；情节严重的，予以降级或者撤职：

（一）违反规定设定、发放薪酬或者津贴、补贴、奖金的；

（二）违反规定，在公务接待、公务交通、会议活动、办公用房以及其他工作生活保障等方面超标准、超范围的；

（三）违反规定公款消费的。

第三十六条 违反规定从事或者参与营利性活动，或者违反规定兼任职务、领取报酬的，予以警告、记过或者记大过；情节较重的，予以降级或者撤职；情节严重的，予以开除。

第三十七条 利用宗族或者黑恶势力等欺压群众，或者纵容、包庇黑恶势力活动的，予以撤职；情节严重的，予以开除。

第三十八条 有下列行为之一，情节较重的，予以警告、记过或者记大过；情节严重的，予以降级或者撤职：

（一）违反规定向管理服务对象收取、摊派财物的；

（二）在管理服务活动中故意刁难、吃拿卡要的；

（三）在管理服务活动中态度恶劣粗暴，造成不良后果或者影响的；

（四）不按照规定公开工作信息，侵犯管理服务对象知情权，造成不良后果或者影响的；

（五）其他侵犯管理服务对象利益的行为，造成不良后果或者影响的。

有前款第一项、第二项和第五项行为，情节特别严重的，予以开除。

第三十九条 有下列行为之一，造成不良后果或者影响的，予以警告、记过或者记大过；情节较重的，予以降级或者撤职；情节严重的，予以开除：

（一）滥用职权，危害国家利益、社会公共利益或者侵害公民、法人、其他组织合法权益的；

（二）不履行或者不正确履行职责，玩忽职守，贻误工作的；

（三）工作中有形式主义、官僚主义行为的；

（四）工作中有弄虚作假，误导、欺骗行为的；

（五）泄露国家秘密、工作秘密，或者泄露因履行职责掌握的商业秘密、个人隐私的。

第四十条　有下列行为之一的，予以警告、记过或者记大过；情节较重的，予以降级或者撤职；情节严重的，予以开除：

（一）违背社会公序良俗，在公共场所有不当行为，造成不良影响的；

（二）参与或者支持迷信活动，造成不良影响的；

（三）参与赌博的；

（四）拒不承担赡养、抚养、扶养义务的；

（五）实施家庭暴力，虐待、遗弃家庭成员的；

（六）其他严重违反家庭美德、社会公德的行为。

吸食、注射毒品，组织赌博，组织、支持、参与卖淫、嫖娼、色情淫乱活动的，予以撤职或者开除。

第四十一条　公职人员有其他违法行为，影响公职人员形象，损害国家和人民利益的，可以根据情节轻重给予相应政务处分。

第四章　政务处分的程序

第四十二条　监察机关对涉嫌违法的公职人员进行调查,应当由二名以上工作人员进行。监察机关进行调查时,有权依法向有关单位和个人了解情况,收集、调取证据。有关单位和个人应当如实提供情况。

严禁以威胁、引诱、欺骗及其他非法方式收集证据。以非法方式收集的证据不得作为给予政务处分的依据。

第四十三条　作出政务处分决定前,监察机关应当将调查认定的违法事实及拟给予政务处分的依据告知被调查人,听取被调查人的陈述和申辩,并对其陈述的事实、理由和证据进行核实,记录在案。被调查人提出的事实、理由和证据成立的,应予采纳。不得因被调查人的申辩而加重政务处分。

第四十四条　调查终结后,监察机关应当根据下列不同情况,分别作出处理:

(一)确有应受政务处分的违法行为的,根据情节轻重,按照政务处分决定权限,履行规定的审批手续后,作出政务处分决定;

(二)违法事实不能成立的,撤销案件;

(三)符合免予、不予政务处分条件的,作出免予、不予政务处分决定;

(四)被调查人涉嫌其他违法或者犯罪行为的,依法移送主管机关处理。

第四十五条　决定给予政务处分的,应当制作政务处分决定书。

政务处分决定书应当载明下列事项：
(一)被处分人的姓名、工作单位和职务；
(二)违法事实和证据；
(三)政务处分的种类和依据；
(四)不服政务处分决定,申请复审、复核的途径和期限；
(五)作出政务处分决定的机关名称和日期。

政务处分决定书应当盖有作出决定的监察机关的印章。

第四十六条　政务处分决定书应当及时送达被处分人和被处分人所在机关、单位,并在一定范围内宣布。

作出政务处分决定后,监察机关应当根据被处分人的具体身份书面告知相关的机关、单位。

第四十七条　参与公职人员违法案件调查、处理的人员有下列情形之一的,应当自行回避,被调查人、检举人及其他有关人员也有权要求其回避：
(一)是被调查人或者检举人的近亲属的；
(二)担任过本案的证人的；
(三)本人或者其近亲属与调查的案件有利害关系的；
(四)可能影响案件公正调查、处理的其他情形。

第四十八条　监察机关负责人的回避,由上级监察机关决定；其他参与违法案件调查、处理人员的回避,由监察机关负责人决定。

监察机关或者上级监察机关发现参与违法案件调查、处理人员有应当回避情形的，可以直接决定该人员回避。

第四十九条　公职人员依法受到刑事责任追究的，监察机关应当根据司法机关的生效判决、裁定、决定及其认定的事实和情节，依照本法规定给予政务处分。

公职人员依法受到行政处罚，应当给予政务处分的，监察机关可以根据行政处罚决定认定的事实和情节，经立案调查核实后，依照本法给予政务处分。

监察机关根据本条第一款、第二款的规定作出政务处分后，司法机关、行政机关依法改变原生效判决、裁定、决定等，对原政务处分决定产生影响的，监察机关应当根据改变后的判决、裁定、决定等重新作出相应处理。

第五十条　监察机关对经各级人民代表大会、县级以上各级人民代表大会常务委员会选举或者决定任命的公职人员予以撤职、开除的，应当先依法罢免、撤销或者免去其职务，再依法作出政务处分决定。

监察机关对经中国人民政治协商会议各级委员会全体会议或者其常务委员会选举或者决定任命的公职人员予以撤职、开除的，应当先依章程免去其职务，再依法作出政务处分决定。

监察机关对各级人民代表大会代表、中国人民政治协商会议各级委员会委员给予政务处分的，应当向有关的人民代表大会常务委员会，乡、民族乡、镇的人民代表大会主席团或者中国人民政治协商会议委员会常务委员会通报。

第五十一条　下级监察机关根据上级监察机关的指定管辖决定进行调查的案件，调查终结后，对不属于本监察机关管辖范围内的监察对象，应当交有管理权限的监察机关依法作出政务处分决定。

第五十二条　公职人员涉嫌违法，已经被立案调查，不宜继续履行职责的，公职人员任免机关、单位可以决定暂停其履行职务。

公职人员在被立案调查期间，未经监察机关同意，不得出境、辞去公职；被调查公职人员所在机关、单位及上级机关、单位不得对其交流、晋升、奖励、处分或者办理退休手续。

第五十三条　监察机关在调查中发现公职人员受到不实检举、控告或者诬告陷害，造成不良影响的，应当按照规定及时澄清事实，恢复名誉，消除不良影响。

第五十四条　公职人员受到政务处分的，应当将政务处分决定书存入其本人档案。对于受到降级以上政务处分的，应当由人事部门按照管理权限在作出政务处分决定后一个月内办理职务、工资及其他有关待遇等的变更手续；特殊情况下，经批准可以适当延长办理期限，但是最长不得超过六个月。

第五章　复审、复核

第五十五条　公职人员对监察机关作出的涉及本人的政务处分决定不服的,可以依法向作出决定的监察机关申请复审;公职人员对复审决定仍不服的,可以向上一级监察机关申请复核。

监察机关发现本机关或者下级监察机关作出的政务处分决定确有错误的,应当及时予以纠正或者责令下级监察机关及时予以纠正。

第五十六条　复审、复核期间,不停止原政务处分决定的执行。

公职人员不因提出复审、复核而被加重政务处分。

第五十七条　有下列情形之一的,复审、复核机关应当撤销原政务处分决定,重新作出决定或者责令原作出决定的监察机关重新作出决定:

(一) 政务处分所依据的违法事实不清或者证据不足的;

(二) 违反法定程序,影响案件公正处理的;

(三) 超越职权或者滥用职权作出政务处分决定的。

第五十八条　有下列情形之一的,复审、复核机关应当变更原政务处分决定,或者责令原作出决定的监察机关予以变更:

(一) 适用法律、法规确有错误的;

（二）对违法行为的情节认定确有错误的；

（三）政务处分不当的。

第五十九条 复审、复核机关认为政务处分决定认定事实清楚，适用法律正确的，应当予以维持。

第六十条 公职人员的政务处分决定被变更，需要调整该公职人员的职务、职级、衔级、级别、岗位和职员等级或者薪酬待遇等的，应当按照规定予以调整。政务处分决定被撤销的，应当恢复该公职人员的级别、薪酬待遇，按照原职务、职级、衔级、岗位和职员等级安排相应的职务、职级、衔级、岗位和职员等级，并在原政务处分决定公布范围内为其恢复名誉。没收、追缴财物错误的，应当依法予以返还、赔偿。

公职人员因有本法第五十七条、第五十八条规定的情形被撤销政务处分或者减轻政务处分的，应当对其薪酬待遇受到的损失予以补偿。

第六章 法律责任

第六十一条 有关机关、单位无正当理由拒不采纳监察建议的，由其上级机关、主管部门责令改正，对该机关、单位给予通报批评，对负有责任的领导人员和直接责任人员依法给予处理。

第六十二条 有关机关、单位、组织或者人员有下列情形之一的，由其上级机关，主管部门，任免机关、单位或者监察机关责令改正，依法给予处理：

（一）拒不执行政务处分决定的；

（二）拒不配合或者阻碍调查的；

（三）对检举人、证人或者调查人员进行打击报复的；

（四）诬告陷害公职人员的；

（五）其他违反本法规定的情形。

第六十三条　监察机关及其工作人员有下列情形之一的，对负有责任的领导人员和直接责任人员依法给予处理：

（一）违反规定处置问题线索的；

（二）窃取、泄露调查工作信息，或者泄露检举事项、检举受理情况以及检举人信息的；

（三）对被调查人或者涉案人员逼供、诱供，或者侮辱、打骂、虐待、体罚或者变相体罚的；

（四）收受被调查人或者涉案人员的财物以及其他利益的；

（五）违反规定处置涉案财物的；

（六）违反规定采取调查措施的；

（七）利用职权或者职务上的影响干预调查工作、以案谋私的；

（八）违反规定发生办案安全事故，或者发生安全事故后隐瞒不报、报告失实、处置不当的；

（九）违反回避等程序规定，造成不良影响的；

（十）不依法受理和处理公职人员复审、复核的；

（十一）其他滥用职权、玩忽职守、徇私舞弊的行为。

第六十四条 违反本法规定，构成犯罪的，依法追究刑事责任。

第七章 附 则

第六十五条 国务院及其相关主管部门根据本法的原则和精神，结合事业单位、国有企业等的实际情况，对事业单位、国有企业等的违法的公职人员处分事宜作出具体规定。

第六十六条 中央军事委员会可以根据本法制定相关具体规定。

第六十七条 本法施行前，已结案的案件如果需要复审、复核，适用当时的规定。尚未结案的案件，如果行为发生时的规定不认为是违法的，适用当时的规定；如果行为发生时的规定认为是违法的，依照当时的规定处理，但是如果本法不认为是违法或者根据本法处理较轻的，适用本法。

第六十八条 本法自 2020 年 7 月 1 日起施行。

关于《中华人民共和国公职人员政务处分法(草案)》的说明[*]

——2019年8月22日在第十三届全国人民代表大会常务委员会第十二次会议上

全国人大监察和司法委员会主任委员　吴玉良

委员长、各位副委员长、秘书长、各位委员:

我受全国人大监察和司法委员会委托,就《中华人民共和国公职人员政务处分法(草案)》(以下简称政务处分法)作说明。

一、制定政务处分法的必要性

(一)强化对公职人员的管理监督

中国共产党领导是中国特色社会主义最本质的特征,是中国特色社会主义制度的最大优势。公职人员是中国特色社会主义事业的中坚力量,在国家治理体系中处于特殊重要位置。制定政务处分法,将宪法确立的坚持党的领导的基本要求具体化、制度化、法律化,强化对公

---

[*] 来源:中国人大网法律草案征求意见栏目。

职人员的管理和监督，使自觉坚持和切实维护党的领导成为公职人员的法律义务，为有效发挥中国共产党领导这一最大制度优势提供有力的法治保障。

（二）实现党纪与国法的有效衔接

政务处分是对违法公职人员的惩戒措施。由于所有"政纪"均已成为国家法律，监察法首次提出政务处分概念，并以其代替"政纪处分"，将其适用范围扩大到所有行使公权力的公职人员。制定政务处分法，将监察法的原则规定具体化，把法定对象全面纳入处分范围，使政务处分匹配党纪处分、衔接刑事处罚，构筑惩戒职务违法的严密法网，有利于实现抓早抓小、防微杜渐，建设一支忠诚干净担当的公职人员队伍。

（三）推进政务处分的法治化、规范化

政务处分直接涉及公职人员的职务、职级、级别、薪酬待遇等重要事项，对公职人员具有重要影响。政务处分权必须严格依法行使，在法治轨道上运行。制定政务处分法，明确实施政务处分的主体，应当坚持的法律原则，处分事由、权限和程序，被处分人员维护合法权益的救济途径等，有利于处分决定机关、单位强化法治观念、程序意识，提升工作的法治化、规范化水平。

二、起草过程和基本思路

今年年初，制定政务处分法列入全国人大常委会2019年度立法工作计划。按照工作安排，政务处分法起草工作由国家监察委员会牵头,全国人大监察和司法委员会、全国人大常委会法制工作委员会参加。

根据工作职责,这个法律案确定由全国人大监察和司法委员会提请审议。我委接到草案(初稿)后,立即会同中央纪委国家监委机关、全国人大常委会法工委组成政务处分法立法工作专班,深入学习习近平总书记有关重要讲话精神,在前期工作基础上进一步开展研究论证和起草工作,听取委员会组成人员和有关方面意见建议,经反复修改完善,形成法律草案。

政务处分法起草工作遵循以下思路和原则:一是整合规范政务处分法律制度。着眼于构建党统一指挥、全面覆盖、权威高效的监督体系,完善与党纪处分相对应的政务处分制度。规定政务处分的主体既包括监察机关,又包括公职人员的任免机关、单位,统一设置处分的法定事由和适用规则,保证处分适用上的统一规范。二是坚持问题导向。着力解决对公职人员的管理监督薄弱、处分程序不规范、处分决定畸轻畸重、对国有企业和基层群众性自治组织中的公职人员处分缺乏法律依据等工作中的突出问题,细化违法情形、处分幅度和处分程序。三是注重纪法协同、法法衔接。在处分情形、处分权限和程序、处分后果上与公务员法等现行法律法规的规定保持协调衔接,保证法律体系的内在一致性。同时注重与党纪的衔接,推动党内监督和国家机关监督有效贯通。

三、草案的主要内容

草案分为7章，包括总则，政务处分种类和适用，违法行为及其适用的处分，政务处分的程序，复审、复核、申诉，法律责任和附则，共66条。主要内容是：

（一）明确政务处分主体和基本原则

草案规定，处分决定机关、单位包括任免机关、单位和监察机关，明确两类主体在政务处分工作中的作用和责任；明确了党管干部，依法依规，实事求是，民主集中制，惩前毖后、治病救人等5项政务处分原则。

（二）明确政务处分种类和适用规则

草案参照公务员法等法律法规确立的处分种类，设定了警告至开除6种政务处分和相应的处分期间。草案对处分的合并适用，共同违法的处分适用，已免除领导职务人员和退休、死亡等公职人员的处分适用，从重、从轻和减轻处分以及免予处分的适用，违法利益的处理，以及处分期满解除制度等规则作了具体规定。

草案针对不同类型的公职人员，分别规定了处分后果，力求真正发挥政务处分的惩戒作用。考虑到未担任公务员、事业单位人员或者国有企业人员职务的其他依法履行公职的人员存在无职可撤、无级可降的情况，草案规定，这些人员有违法行为的，可以给予警告、记过、记大过处分；情节严重的，由所在单位直接给予或者监察机关建议有关机关、单位给予调整薪酬待遇、调离岗位、取消当选资格或者担任相应职务资格、依法罢免、解除劳动人事关系等处理。

（三）明确公职人员违法行为及其适用的处分

为体现政务处分事由法定的原则，草案第三章系统梳理现有关于处分的法律法规，从公务员法、法官法、检察官法和行政机关公务员处分条例等规定的违法情形中，概括出适用政务处分的违法情形，参考党纪处分条例的处分幅度，根据行为的轻重程度规定了相应的处分档次，并分别针对职务违法行为和一般违法行为，规定了兜底条款。

（四）严格规范政务处分的程序

为明确作出政务处分的程序，草案第四章对处分主体的立案、调查、处分、宣布等程序作了规定。考虑到有的公职人员在任免、管理上的特殊性，草案规定，对各级人大（政协）或者其常委会选举或者任命的人员给予撤职、开除政务处分的，先由人大（政协）或者其常委会依法依章程罢免、撤销或者免去其职务，再由处分决定机关、单位依法作出处分决定。

（五）明确被处分人员的救济途径

为充分保障被处分人员的合法权利，草案第五章专章规定了复审、复核、申诉途径。草案还规定了处分决定机关、单位和人员违反规定处置问题线索、不依法受理和处理公职人员复审、复核、申诉等违法行使职权行为的法律责任。

（六）关于配套规定

为保障政务处分法的规定得到落实，增强政务处分的可操作性和实效性，草案对制定具体规定作了授权，规定国务院、国家监察委员会或者相关主管部门可以根据本法，制定具体规定。

草案和以上说明是否妥当，请审议。